LAS PLUMAS No son sólo para volar

Melissa Stewart • Ilustrado por Sarah S. Brannen • Traducido por Gabriela Carrión

Charlesbridge

pavo real

cisne

halcón de
cola roja

azulejo

Los pájaros y las plumas van de la mano,
como los árboles y las hojas, como las estrellas
y el cielo. Todos los pájaros tienen plumas, pero
ningún otro animal las tiene.

La mayoría de los pájaros tienen miles de plumas,
pero esas plumas no son todas iguales. Eso se debe
a que las plumas tienen tantos trabajos diferentes
que hacer.

avetoro
americano

aninga

cardenal

pato
joyuyo

inseparable
de Namibia

junco
pizarroso

Las plumas pueden calentar como una cobija...

En días fríos y húmedos, un azulejo se mantiene cálido esponjando sus plumas y atrapando una capa de aire cálido junto a su piel.

Azulejo, el monte Bradbury, Maine

Pato joyuyo, el lago Bemidji, Minnesota

o acolchar como una almohada.

Una hembra de pato joyuyo forra su nido con plumas que se arranca de su propio cuerpo. Estas plumas acolchan los huevos de la pata y los mantienen cálidos.

Las plumas pueden proveer sombra
como un parasol...

Cuando una garceta tricolor hambrienta se
adentra en el agua en busca de alimento,
levanta sus alas por encima de su cabeza.
Las plumas bloquean el reflejo del cielo
y proveen sombra al agua. Esto facilita la
tarea de localizar peces y ranas apetitosas.

Garceta tricolor, los Everglades, Florida

Halcón de cola roja, Shiprock, Nuevo México

o proteger la piel como bloqueador solar.

BLOQUEADOR
SOLAR

FPS 30
protección solar

En las soleadas tardes de verano, los halcones de cola roja pasan horas planeando por el cielo en busca de presas. Sus plumas gruesas protegen su piel delicada de los dañinos rayos del sol.

Las plumas pueden absorber agua como una esponja...

En los sofocantes días de verano, un macho de ganga se refresca empapando sus plumas del vientre en un abrevadero. Luego, el orgulloso papá vuela de regreso a su nido. Mientras el papá protege a sus polluelos, los pequeños chupan sus plumas para saciar su sed.

Ganga de Pallas,
el desierto Gobi, Mongolia

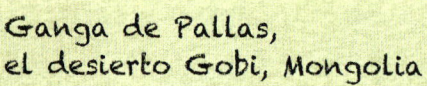

o limpiar suciedades como un cepillo de cerdas.

Un avetoro americano siempre se limpia después de comer. Sus plumas tienen puntas frágiles que se desmoronan en polvo. El polvo es perfecto para alejar la suciedad y el aceite viscoso de pescado que se adhiere a sus plumas.

Avetoro americano, el río Tualatin, Oregon

CEPILLO

1.3

Las plumas pueden distraer a los atacantes como la capa de un torero...

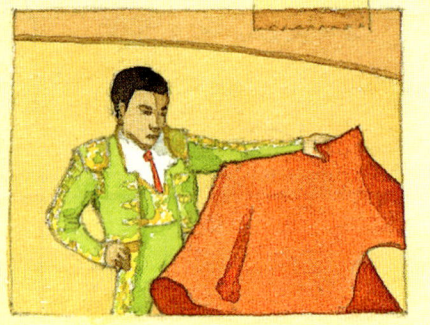

Un junco pizarroso distrae a sus enemigos al mostrar las brillantes plumas blancas en la parte exterior de su cola. Luego, rápidamente cubre sus plumas y se lanza en la dirección opuesta.

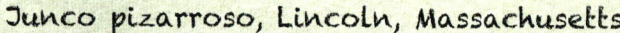

Junco pizarroso, Lincoln, Massachusetts

o esconder a un pájaro de los depredadores
como la ropa de camuflaje.

El cuerpo y las plumas opacas de color grisáceo y marrón de una hembra de cardenal se mezclan con su hogar en el bosque. Le ayudan a esconderse y proteger su nido de los enemigos mientras incuba sus huevos.

Cardenal norteño, Columbus, Ohio

Las plumas pueden producir sonidos agudos como un silbato...

Cuando un saltarín alitorcido macho quiere llamar la atención de una hembra, se inclina hacia adelante, levanta sus alas sobre su espalda y las sacude rápidamente. A medida que las plumas con bordes rozan contra plumas con puntas rígidas y curvadas, un sonido chirriante trina a través del aire.

Saltarín alitorcido, el santuario de Aves de Milpe, Ecuador, Sudamérica

Pavo real, el bosque de Pusa Hill, Nueva Delhi, India

o atraer la atención como joyas elegantes.

Las brillantes y hermosas plumas de la cola de un pavo real lo hacen fácil de detectar. En el tiempo de apareamiento, una hembra se siente atraída por el macho con el abanico de plumas más grande y colorido.

Las plumas pueden cavar agujeros como una excavadora...

Después de aparearse, los martines de arena hacen un hogar juntos. Primero, el macho utiliza su pico y las plumas fuertes de sus patas inferiores para cavar un túnel de dos pies de largo en la orilla de un arroyo. Entonces empuja la tierra hacia afuera con sus alas. Luego, la hembra construye un nido de paja, hierbas y hojas al final del túnel.

Martín de arena, el río del Oso, Utah

o transportar materiales de construcción como un montacargas.

Inseparable de Namibia, el río Ghaub, Namibia, África

La mayoría de las aves transportan materiales para sus nidos en sus picos, pero no la hembra del inseparable de Namibia. Cuando encuentra hierba, hojas o tiras de corteza de árbol, los mete debajo de sus plumas de la cola y vuela de regreso a su nido.

Las plumas pueden ayudar a las aves a flotar como un chaleco salvavidas...

Los cisnes mudos se deslizan suavemente sobre la superficie del agua. Las bolsas de aire atrapadas entre sus plumas ayudan a estos elegantes pájaros a mantenerse a flote.

Cisne mudo, la bahía Chesapeake, Maryland

Aninga, el lago Martin, Louisiana

o a sumergirse rápidamente como
un plomo de pesca.

La mayoría de las aves producen un aceite especial
para impermeabilizar sus plumas, pero no el aninga.
El peso de sus plumas mojadas ayuda a este cazador
hambriento a sumergirse profundamente en busca de
peces, langostas de río y camarones.

Las plumas pueden deslizarse como un trineo...

Los pingüinos emperadores tienen plumas en el vientre que están firmemente apretadas y forman superficies sólidas y resbaladizas. Las plumas facilitan que estos pájaros se deslicen sobre el hielo y la nieve.

Pingüino emperador, Tierra Adelia, Antártida

o correr sobre la nieve como raquetas de nieve.

Cada otoño, los lagópodos comunes crecen una capa gruesa de plumas en la parte superior de sus dedos. Como las raquetas de nieve, las plumas aumentan el tamaño de los pies de las aves para que puedan arrastrarse sobre la nieve en lugar de hundirse en ella.

Lagópodo común, el parque nacional Denali, Alaska

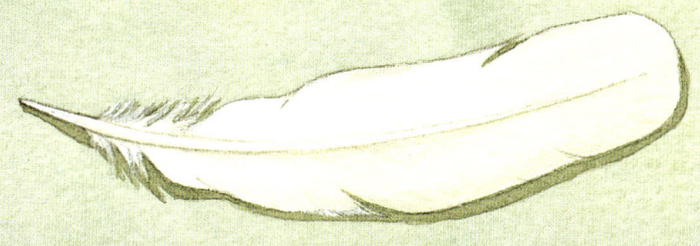

Pero, sobre todo, las plumas pueden dar a las aves el impulso que necesitan para cruzar a toda carrera el cielo.

Tipos de plumas

Muchos científicos estudian a las aves y están descubriendo nueva información todos los días. En este momento, no todos los científicos están de acuerdo sobre la mejor forma de clasificar los tipos de plumas. Aquí hay un sistema que muchos científicos usan:

Las diminutas plumas filoplumas están conectadas a los nervios. Ayudan a un ave a percibir su entorno y le permiten saber que sus plumas están en su sitio.

Las plumas rígidas de cerda alrededor de los ojos de un ave actúan como pestañas. Algunas aves utilizan las plumas de cerda alrededor de sus bocas para localizar comida.

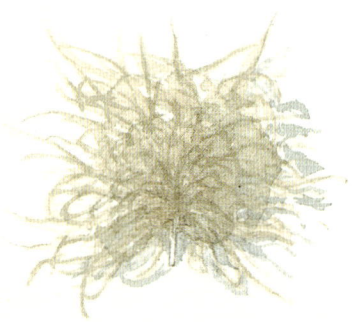

Los suaves y esponjosos plumones mantienen a un ave caliente, atrapando el calor corporal junto a su piel.

Las plumas semiplumas trabajan junto con los plumones para mantener a las aves cálidas y secas.

Las plumas de contorno cubren la mayor parte del cuerpo de un ave. Le dan forma y color al ave.

Las plumas de vuelo en las alas de un ave lo elevan y lo hacen avanzar. Las plumas de vuelo en la cola ayudan a un ave a maniobrar y mantener su equilibrio.

Nota de la autora

Mientras investigaba para otro libro, me encontré con un artículo fascinante en *Birder's World* (ahora *BirdWatching* magazine). Describía algunas de las asombrosas formas en que las aves utilizan sus plumas. Sabía que sería un tema genial para un libro infantil, así que fotocopié el artículo y lo sujeté en el tablero de ideas en mi oficina.

Unos meses después, me sumergí en la investigación. Como hago para todos mis libros, recurro a tres fuentes principales de información: la biblioteca (para libros, revistas y periódicos), el internet (para artículos de revistas y localizar a expertos en el campo) y mis propios diarios de naturaleza. Algunos ejemplos en este libro se basan en mis observaciones personales en el mundo natural. Otros provienen de entrevistas con científicos, así como de informes en libros académicos y revistas científicas.

A mí, la investigación me resulta la parte fácil de un proyecto. La parte difícil es descubrir la forma más interesante de presentar el material. Siempre me pregunto: «¿Hay una forma de hacer esto aún más cautivador?». Para este libro, pasé tres años ajustando el texto. Escribí innumerables borradores e hice cuatro revisiones completas antes de que finalmente se me ocurriera la idea de comparar las plumas con objetos comunes en nuestras vidas. Fue entonces cuando la escritura cobró vida y supe que el manuscrito estaba listo para mi editora.

A Judith Jango-Cohen y Kate Narita, por su amistad y su ayuda con este libro.

—M. S.

A mi sobrina Lizzie, que vuela como un ave.

—S. S. B.

Charlesbridge • 9 Galen Street Watertown, MA 02472 • www.charlesbridge.com

Library of Congress Cataloging-in-Publication Data
Names: Stewart, Melissa, author. | Brannen, Sarah S., illustrator. | Carrión, Gabriela (Translator), translator.
Title: Las plumas: no son sólo para volar / Melissa Stewart; ilustrado por Sarah S. Brannen; traducido por Gabriela Carrión.
Other titles: Feathers Spanish.
Description: Watertown, MA: Charlesbridge, [2025] | Audience: Ages 6–9 | Audience: Grades 2–3 | Summary: "Young naturalists meet sixteen birds in this elegant introduction to the many uses of feathers."—Provided by publisher.
Identifiers: LCCN 2024013468 (print) | LCCN 2024013469 (ebook) | ISBN 9781623545604 (hardcover) | ISBN 9781623546014 (trade paperback) | ISBN 9781632894403 (ebook)
Subjects: LCSH: Feathers—Juvenile literature. | Birds—Behavior—Juvenile literature.
Classification: LCC QL697.4.S7418 2025 (print) | LCC QL697.4 (ebook) | DDC 598.147—dc23/eng/20240613

Printed in China • OPIC
(hc) 10 9 8 7 6 5 4 3 2 1
(pb) 10 9 8 7 6 5 4 3 2 1

Illustrations done in watercolor on Saunders Waterford cold-press paper
Text type set in Frogster by Typotheticals
Color separations by KHL Chroma Graphics, Singapore
Edited by Natalia Vázquez Torres
Designed by Diane M. Earley and Nicole Turner
Production supervised by Mira Kennedy